essentials

Essentials liefern aktuelles Wissen in konzentrierter Form. Die Essenz dessen, worauf es als „State-of-the-Art" in der gegenwärtigen Fachdiskussion oder in der Praxis ankommt. Essentials informieren schnell, unkompliziert und verständlich

- als Einführung in ein aktuelles Thema aus Ihrem Fachgebiet
- als Einstieg in ein für Sie noch unbekanntes Themenfeld
- als Einblick, um zum Thema mitreden zu können.

Die Bücher in elektronischer und gedruckter Form bringen das Expertenwissen von Springer-Fachautoren kompakt zur Darstellung. Sie sind besonders für die Nutzung als eBook auf Tablet-PCs, eBook-Readern und Smartphones geeignet.

Essentials: Wissensbausteine aus Wirtschaft und Gesellschaft, Medizin, Psychologie und Gesundheitsberufen, Technik und Naturwissenschaften. Von renommierten Autoren der Verlagsmarken Springer Gabler, Springer VS, Springer Medizin, Springer Spektrum, Springer Vieweg und Springer Psychologie.

Bernd Schröder

Berechnung von Baukonstruktionen

Ein Überblick

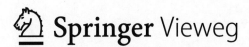

Dr.-Ing. Bernd Schröder
Aalen
Deutschland

ISSN 2197-6708   ISSN 2197-6716 (electronic)
essentials
ISBN 978-3-658-08919-1   ISBN 978-3-658-08920-7 (eBook)
DOI 10.1007/978-3-658-08920-7

Die Deutsche Nationalbibliothek verzeichnet diese Publikation in der Deutschen Nationalbibliografie; detaillierte bibliografische Daten sind im Internet über http://dnb.d-nb.de abrufbar.

Springer Vieweg

Gedruckt auf säurefreiem und chlorfrei gebleichtem Papier

Springer Fachmedien Wiesbaden ist Teil der Fachverlagsgruppe Springer Science+Business Media
(www.springer.com)

Was Sie in diesem Essential finden können

- Lastannahmen und Einwirkungen bei Baukonstruktionen
- Stahlbeton- und Spannbetonbau nach DIN 1045-1
- Beton nach DIN EN 206-1
- Stahlbau
- Holzbau nach DIN 1052

Vorwort

Dieses Werk ist ein Auszug aus „Springer Ingenieurtabellen" von Ekbert Hering und Bernd Schröder. Dieses Buch hat sich mit seinen Praxis-Tabellen als Ergänzung zu „Hütte Das Ingenieurwissen" bewährt. Das Werk wendet sich an Studierende und Ingenieure.

Baukonstruktionen sind im vorliegenden Sinne Tragwerke, bei deren Planung Sicherheitskonzepte zu berücksichtigen sind. Die Lastannahmen und möglichen Einwirkungen bestimmen dann die Ausführung der Konstruktion. Stahlbeton- und Spannbetonbau sind häufig genutzte Lösungen, aber auch Beton ist ein gerne genutztes Material. Für leichte Konstruktionen empfiehlt sich Stahlbau. Holzbau und Mauerwerk findet sich auch heute noch gelegentlich. Für all diese Lösungen gibt es Normen und Richtlinien, die in diesem kleinen Werk aufgeführt und erläutert werden.

Inhaltsverzeichnis

Einleitung

1

Die Berechnung von Baukonstruktionen bedingt zunächst die Annahme von Lasten und Einwirkungen, die bei der Tragwerkplanung zu berücksichtigen sind. Hierzu ist ein Sicherheitskonzept zu erstellen und Teilsicherheitsbeiwerte sind zu bemessen.

Die Wahl des angestrebten Baumaterials muss diesen Betrachtungen entsprechen. Neben dem Stahlbeton- und Spannbetonbau ist auch Beton nach DIN EN 206-1 eine Lösungsmöglichkeit. Hierfür sind die Begriffe und Baustoffeigenschaften, aber auch die Ausgangsstoffe und die Anforderungen an den Beton zu klären. Beim Stahlbau sind die Werkstoffe, ihre charakteristischen Werte und die Walzprofile wichtig. Holzbau berücksichtigt die zulässigen Spannungen, die in Richtung der Fasern unterschiedlich sind. Da Holzbau häufig im Verbund angewendet wird, sind hier natürlich auch die zulässigen Spannungen für Stahlteile und Aluminiumteile sowie deren Korrosionsschutz zu berücksichtigen. Bei Mauerwerk geht es abschließend um die Maßordnung im Hochbau (Baunormzahlen, Baurichtmaße, Nennmaße, Fugen und Verband). Bezüglich der Mauersteine sind Materialart und Steinart zu unterscheiden.

© Springer Fachmedien Wiesbaden 2015
B. Schröder, *Berechnung von Baukonstruktionen,* essentials,
DOI 10.1007/978-3-658-08920-7_1

Berechnung von Baukonstruktionen 2

2.1 Lastannahmen, Einwirkungen

Grundlagen der Tragwerkplanung, Sicherheitskonzept und Bemessung mit Teilsicherheitsbeiwerten nach DIN 1055-100

Allgemeine Anforderungen
Ein Bauwerk muss so entworfen und ausgeführt werden, dass es

a. alle während der Errichtung, Instandsetzung und planmäßigen Nutzung möglicherweise auftretenden Einwirkungen und Einflüsse mit angemessener Zuverlässigkeit und Sicherheit trägt, ohne zu versagen oder unzulässig große Verformungen zu erleiden,
b. außergewöhnliche Ereignisse wie Feuer, Brand, Explosion oder Aufprall eines Fahrzeuges übersteht, ohne in einem Maße beschädigt zu werden, das in keinem Verhältnis zur Schadensursache steht,
c. Einwirkungen infolge Erdbebens übersteht ohne zu versagen,
d. während der vorgesehenen Nutzungsdauer neben seiner Tragfähigkeit auch seine Gebrauchstauglichkeit und Dauerhaftigkeit bei angemessenem Unterhaltungsaufwand behält.

Die Gebrauchstauglichkeit ist nicht mehr gegeben, wenn das Bauwerk die für seine geplante Nutzung und das Wohlbefinden der zu dieser Nutzung gehörenden Personen erforderlichen Bedingungen und Voraussetzungen nicht mehr erfüllt. Zu

© Springer Fachmedien Wiesbaden 2015
B. Schröder, *Berechnung von Baukonstruktionen*, essentials,
DOI 10.1007/978-3-658-08920-7_2

diesen Bedingungen gehört neben dem einwandfreien Funktionieren des Bauwerks z. B. auch ein einwandfreies optisches Erscheinungsbild.

Für das Bauwerk ist bei der Planung ein Tragsystem zu wählen, das

- gegen außergewöhnliche Gefährdungen weitgehend unempfindlich ist,
- bei einer örtlichen Beschädigung oder beim Ausfall eines begrenzten Teiles des Tragwerks nicht insgesamt versagt.

Wo immer angezeigt und möglich, sind vorsorglich konstruktive Maßnahmen zu treffen, die eine Gefährdung des Bauwerks durch außergewöhnliche Einwirkungen wie den Aufprall eines Fahrzeuges ausschließen oder doch jedenfalls merklich vermindern.

Beim Nachweis der Tragfähigkeit und Gebrauchstauglichkeit sind alle Zustände bzw. Situationen zu berücksichtigen, die während der Errichtungsphase und geplanten Nutzungsdauer des Bauwerks auftreten können. Die Menge dieser Situationen ist einzuteilen in

- die Gruppe der planmäßig während der gesamten Nutzungszeit auftretenden – also in diesem Sinne ständigen – Situationen,
- die Gruppe der vorübergehend und zeitlich begrenzt auftretenden Situationen, wie z. B. die Situationen im Bauzustand oder während irgendwelcher Wartungs- oder Instandsetzungsarbeiten,
- die Gruppe der außergewöhnlichen Situationen, wie sie z. B. durch Feuer und Brand, Explosion oder den Aufprall eines Fahrzeugs entstehen und
- die Situation bei einem Erdbeben.

Diese Tragfähigkeit und Gebrauchstauglichkeit kann verloren gehen durch

- Verlust des Gleichgewichts
- übermäßige Verformung
- Übergang in eine sogenannte kinematische Kette
- Verlust der Stabilität und Übergang in einen Zustand des indifferenten oder labilen Gleichgewichts
- Ermüdung des Materials oder Wirksamwerden eines anderen Langzeitphänomens
- Bruch eines Bauteils mit oder ohne Vorankündigung (letzteres ist unbedingt zu vermeiden).

Tab. 2.1 Klassifizierung von Bauten im Hinblick auf die Nutzungsdauer

Klasse	Geplante Nutzungs-dauer in Jahren	Beispiel
1	1 bis 5	Tragwerke mit befristeter Standzeit
2	25	Austauschbare Tragwerksteile, z. B. Kranbahnträger, Lager
3	50	Gebäude und andere gewöhnliche Tragwerke
4	100	Monumentale Gebäude, Brücken und andere Ingenieurbauwerke

Tabelle 2.1 zeigt die Einteilung der Bauwerke hinsichtlich der Nutzungsdauer.

Einwirkungen auf ein Bauwerk; Beanspruchung und Beanspruchbarkeit eines Bauwerks
Es gibt ständige und veränderliche Einwirkungen, statische und dynamische Einwirkungen, Brandeinwirkungen und Umwelteinflüsse. Alle diese Einwirkungen werden durch Modelle erfasst, deren für ein Bauwerk denkbar ungünstigen Werte oder – vereinfacht gesagt – größtmöglichen Werte in den verschiedenen Teilen von DIN 1055 angegeben sind.

Freilich darf ein Bauwerk nicht so entworfen werden, dass es sofort bei Erreichen dieser größtmöglichen Werte versagt. Vielmehr muss ein gewisser Sicherheitsabstand entstehen zwischen dem Erreichen dieser größtmöglichen Werte und dem Versagen des Bauwerkes. Deshalb wird das Bauwerk bei seiner Bemessung rechnerisch nicht diesen größtmöglichen Werten der Einwirkungen – „charakteristischen Werten" – unterworfen sondern sogenannten Bemessungswerten, das sind – im einfachsten Fall – die mit einem Last-Teilsicherheitsbeiwert γ_F multiplizierten größtmöglichen Werte.

Analog lassen sich zu den Nominalwerten der Abmessungen von Bauwerk und Bauteilen sowie den – in den verschiedenen Normen gegebenen – Festigkeiten usw. der Baumaterialen und des Baugrundes – ebenfalls „charakteristische Werte" – unter Verwendung von Material-Teilsicherheitsbewerten γ_M – und gegebenenfalls Maß-Abschlägen – Bemessungswerte dieser Größen errechnen.

Mit diesen beiden Datensätzen – den Bemessungswerten der Einwirkungen und den Bemessungswerten der Bauwerksdaten – können nun unter Verwendung eines geeigneten Algorithmus in einer Strukturanalyse des zugehörigen Tragwerks die Bemessungswerte der Beanspruchung des Bauwerks ermittelt werden, unter anderen also die Bemessungswerte der Verschiebungen der einzelnen Punkte des Bauwerks, der Verformungen seiner einzelnen Teile und der in ihnen wirksamen Schnittgrößen, das sind die Resultierenden der zugehörigen Spannungen.

Tab. 2.2 Struktur des Bemessungskonzepts

Grenzzustand	Tragfähigkeit	Gebrauchstauglichkeit
Anforderungen	Sicherheit von Personen	Wohlbefinden von Personen
	Sicherheit des Tragwerks	Funktion des Tragwerks
		Erscheinungsbild
Nachweiskriterien	Verlust der Lagesicherheit	Verformungen und Verschiebungen
	Festigkeitsversagen	Schwingungen
	Stabilitätsversagen	Schäden (einschließlich Rissbildung)
	Versagen durch Materialermüdung	Schäden durch Materialermüdung
Bemessungssituationen	Ständige	Charakteristische
	Vorübergehende	Seltene
	Außergewöhnliche	Häufige
	Erdbeben	Quasi-ständige
Beanspruchung	Bemessungswert der Beanspruchung	Bemessungswert der Beanspruchung
	Z. B.: destabilisierende Einwirkungen, Schnittgrößen	Z. B.: Spannungen, Rissbreiten, Verformungen
Widerstand	Bemessungswert des Tragwiderstandes (Beanspruchbarkeit)	Bemessungswert des Gebrauchstauglichkeitskriteriums
	Z. B.: stabilisierende Einwirkungen, Materialfestigkeiten, Querschnittswiderstände	Z. B.: Dekompression, Grenzwerte für Spannungen, Rissbreiten, Verformungen

Andererseits lässt sich aus dem genannten Datensatz der Bemessungswerte der Bauwerksdaten – Abmessungen und Materialen der verschiedenen Teile des Bauwerks und Gegebenheiten des Baugrundes – unter Verwendung gegebener Materialwerte im Grenzzustand des Versagens die rechnerische Beanspruchbarkeit dieses Bauwerks ermitteln.

Schließlich wird der so errechnete Bemessungswert der Beanspruchbarkeit des Bauwerks beim Nachweis der Tragfähigkeit dem Bemessungswert seiner Beanspruchung in den verschiedenen Bemessungssituationen gegenüber gestellt. Beim Nachweis der Gebrauchstauglichkeit wird – mit anderen Datensätzen – analog verfahren.

Tabelle 2.2 zeigt dies.

Einwirkungen

Einwirkungen F können entweder ständige Einwirkungen G oder veränderliche Einwirkungen Q sein. Andere Gesichtspunkte bei der Einteilung der Menge der Einwirkungen sind:

a. Art der Einwirkung: direkt, indirekt
b. zeitliches Verhalten: ständig, veränderlich, außergewöhnlich
c. örtliche Gebundenheit: ortsfest, ortsveränderlich
d. Art und Weise der Tragwerksreaktion: statisch, dynamisch
e. Art der Einwirkungsintensität: unterschiedlich, stets voll

2.2   Stahlbeton- und Spannbetonbau nach DIN 1045-1

Allgemeines

Die DIN 1045-1 vom Juli 2001 ersetzt die DIN 1045 aus dem Jahre 1988.

Die DIN 1045-1 ist aus dem Eurocode 2 hervorgegangen und hat viele Gemeinsamkeiten mit dieser europäischen Norm.

Gegenüber der alten DIN 1045 enthält die neue DIN viele grundlegende Änderungen. Die wichtigsten sind:

- Teilsicherheitskonzept
- Spannbeton, Leichtbeton und Stahlbeton sind in einer Norm geregelt
- Hochfeste Betonfestigkeitsklassen
- Viele Bezeichnungen sind dem internationalen Gebrauch angelehnt.
- Schubnachweis völlig anders als bisher.
- Gebrauchstauglichkeitsnachweise haben an Wichtigkeit gewonnen.

Die Norm unterscheidet Prinzipien und Anwendungsregeln. Die Prinzipien müssen immer eingehalten werden. Anwendungsregeln folgen den Prinzipien und sind allgemein anerkannte Regeln. Von Anwendungsregeln der Norm darf abgewichen werden, wenn das zugehörige Prinzip eingehalten wird.

Begriffe nach DIN 1045-1, Abschn. 2.1

- üblicher Hochbau
Hochbau mit vorwiegend ruhenden und gleichmäßig verteilten Nutzlasten bis $5\ \text{kN/m}^2$ und Einzellasten bis 7 kN

- vorwiegend auf Biegung beanspruchtes Bauteil
  Bauteil mit einer bezogenen Exzentrizität im Grenzzustand der Tragfähigkeit
  von $e_d/h > 3,5$
- Druckglied
  Vorwiegend auf Druck beanspruchtes, stab- oder scheibenförmiges Bauteil mit
  einer bezogenen Exzentrizität im Grenzzustand der Tragfähigkeit von $e_d/h \le 3,5$
- Normalbeton
  Beton mit Trockenrohdichte zwischen 2000 und 2600 kg/m^3
- Leichtbeton
  Trockenrohdichte zwischen 800 und 2000 kg/m^3
- Spannglied mit sofortigem Verbund
  Im Spannbett gespanntes Spannglied, das nach dem Spannen einbetoniert wird.
- Spannglied mit nachträglichem Verbund
  In einem einbetonierten Hüllrohr liegendes Spannglied, das nach dem Erhärten
  des Betons gespannt und durch Ankerkörper an den Enden verankert wird. Da-
  nach wird der Hohlraum im Hüllrohr durch Einpressmörtel gefüllt.
- Grenzzustände der Tragfähigkeit und der Gebrauchstauglichkeit.
  Zustände, die den Bereich der Beanspruchung begrenzen, in dem das Tragwerk
  tragsicher oder gebrauchstauglich ist.
- Einwirkung
  Lasten, die als Kräfte oder Zwänge in Form von Temperatur oder Setzungen auf
  ein Bauwerk wirken
- charakteristischer Wert
  Werte der Einwirkungen, die in einschlägigen Bestimmungen festgelegt werden
- Bemessungswert
  Werte, die sich durch Multiplikation der charakteristischen Werte mit einem
  Sicherheitsbeiwert ergeben
- Duktilität
  Plastische Dehnfähigkeit von Betonstahl, Spannstahl und Stahlbeton
- Relaxation
  Mit Relaxation wird bei Spannstählen das allmähliche Absinken der Spannung
  bei gleichbleibender Dehnung bezeichnet.

Baustoffeigenschaften (DIN 1045-1, Abschn. 9)
Die physikalischen Eigenschaften für die zur Verwendung kommenden Baustoffe
sind in Tab. 2.3 zusammengestellt.
Beton nach DIN 1045-1, Abschn. 9.1
   Normalbeton ist Beton mit geschlossenem Gefüge, der aus festgelegten Ge-
steinskörnungen hergestellt wird und so zusammengesetzt und verdichtet ist, dass
außer den künstlich erzeugten kein nennenswerter Anteil an eingeschlossenen
Luftporen vorhanden ist.

Tab. 2.3 Physikalische Eigenschaften von Beton, Stahlbeton und Spannbeton aus Normalbeton: Betonstahl und Spannstahl

Physikalische Eigenschaft	Normalbeton		Stahl	
	Beton	Stahlbeton Spannbeton	Betonstahl	Spannstahl
Dichte ϱ [kg/m³]	2400	2500	7850	7850
Wärmedehnzahl [K⁻¹]	10×10^{-6}			
Querdehnzahl μ [/]	0,2 für elastische Dehnungen 0 wenn Rißbildung in Beton unter Zugbeanspruchung zulässig ist			

Betondruck- und Betonzugfestigkeit nach DIN 1045-1, Abschn. 9.1.5 bis 9.1.7

Der Bemessung der Bauteile liegen die charakteristischen Zylinderdruckfestigkeiten f_{ck} zugrunde. Die Betondruckfestigkeit ist als der Bemessungswert definiert, der bei statistischer Auswertung aller Druckfestigkeitsergebnisse von Beton im Alter von 28 Tagen nur in 5 % aller Fälle (5 % Fraktile) unterschritten wird.

Die Druckfestigkeitswerte f_{ck} können entweder an Zylindern (Abmessung: 300 mm Höhe, 150 mm Durchmesser) als $f_{ck, zyl}$ oder an Würfeln (150 mm Kantenlänge) als $f_{ck, cube}$ ermittelt werden. Da die Bemessungsregeln auf den Werten der Zylinderfestigkeit basieren, gilt im weiteren $f_{ck, zyl} = f_{ck}$.

Die Betonzugfestigkeit wird für den einachsigen Spannungszustand angegeben. Wegen der großen Streuung der Zugfestigkeitswerte werden hierfür sowohl die Mittelwerte f_{ctm} als auch die unteren und oberen charakteristischen Grenzwerte $f_{ctk;0,05}$ bzw. $f_{ctk;0,95}$ angegeben, wobei folgende Beziehungen bis C 50/60 gelten

$$f_{ctm} = 0,30 f_{ck}^{2/3} \qquad f_{ctk;0,05} = 0,7 f_{ctm} \qquad f_{ctk;0,95} = 1,3 f_{ctm}.$$

Spannungs-Dehnungs-Linien

Es gibt eine Spannungs- Dehnungs- Linie für nichtlineare Schnittgrößenermittlungsverfahren (und Verformungsberechnungen) und noch drei für die Querschnittsbemessung. In den Tab. 2.4 und 2.5 sind die erforderlichen Parameter zur Bestimmung der Spannungsdehnungslinien aufgeführt.

Schnittgrößenermittlung und Verformungsberechnung (Abb. 2.1)

$$\sigma_c = -f_c \left(\frac{k \cdot \eta - \eta^2}{1 + (k-2)\eta} \right)$$

$$\eta = \frac{\varepsilon_c}{\varepsilon_{c1}}$$

$$k = -1,1 \cdot E_{cm} \cdot \frac{\varepsilon_{c1}}{f_c}$$

Tab. 2.4 Festigkeits- und Formänderungskennwerte von Normalbeton bis C 50/60

Kenngröße	Festigkeitsklassen								
	C 12/15	C 16/20	C 20/25	C 25/30	C 30/37	C 35/45	C 40/50	C 45/55	C 50/60
f_{ck} in N/mm²	12	16	20	25	30	35	40	45	50
$f_{ck,cube}$ in N/mm²	15	20	25	30	37	45	50	55	60
f_{cm} in N/mm²	20	24	28	33	38	43	48	53	58
f_{ctm} in N/mm²	1,6	1,9	2,2	2,6	2,9	3,2	3,5	3,8	4,1
$f_{ctk;0,05}$ in N/mm²	1,1	1,3	1,5	1,8	2	2,2	2,5	2,7	2,9
$f_{ctk;0,95}$ in N/mm²	2	2,5	2,9	3,3	3,8	4,2	4,6	4,9	5,3
E_{cm} in N/mm²	25800	27400	28800	30500	31900	33300	34500	35700	36800
ε_{c1} in ‰	−1,8	−1,9	−2,1	−2,2	−2,3	−2,4	−2,5	−2,55	−2,6
ε_{c1u} in ‰					−3,5				
n in ‰					2,0				
ε_{c2} in ‰					−2,0				
ε_{c2u} in ‰					−3,5				
ε_{c3} in ‰					−1,35				
ε_{c3u} in ‰					−3,5				

Tab. 2.5 Festigkeits- und Formänderungskennwerte von hochfestem Beton > C 50/60

Kenngröße	Festigkeitsklassen					
	C 55/67	C 60/75	C 70/85	C 80/95	C 90/105	C 100/115
f_{ck} in N/mm^2	55	60	70	80	90	100
$f_{ck, cube}$ in N/mm^2	67	75	85	95	105	115
f_{cm} in N/mm^2	63	68	78	88	98	108
f_{ctm} in N/mm^2	4,2	4,4	4,6	4,8	5	5,2
$f_{ctk;0,05}$ in N/mm^2	3	3,1	3,2	3,4	3,5	3,7
$f_{ctk;0,95}$ in N/mm^2	5,5	5,7	6	6,3	6,6	6,8
E_{cm} in N/mm^2	37800	38800	40600	42300	43800	45200
ε_{c1} in ‰	−2,65	−2,7	−2,8	−2,9	−2,95	−3,0
ε_{c1u} in ‰	−3,4	−3,3	−3,2	−3,1	−3,0	−3,0
n in ‰	2,0	1,9	1,8	1,7	1,6	1,55
ε_{c2} in ‰	−2,03	−2,06	−2,1	−2,14	−2,17	−2,2
ε_{c2u} in ‰	−3,1	−2,7	−2,5	−2,4	−2,3	−2,2
ε_{c3} in ‰	−1,35	−1,4	−1,5	−1,6	−1,65	−1,7
ε_{c3u} in ‰	−31	−2,7	−2,5	−2,4	−2,3	−2,2

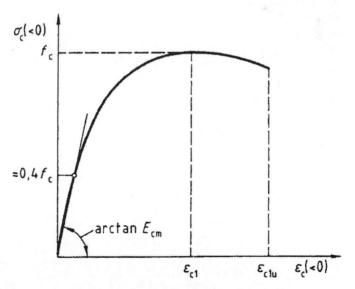

Abb. 2.1 Diagramm nur für Verformungsberechnungen

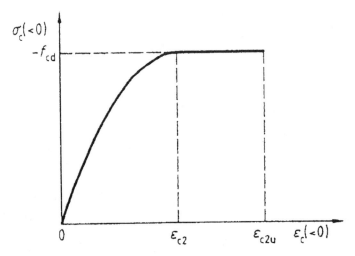

Abb. 2.2 Parabel-Rechteck-Diagramm

wobei:

σ_c = Betonspannung
f_c = Betonfestigkeit
ε_c = Betondehnung
E_{cm} = mittlerer Beton-Elastizitätsmodul

Bei Verformungsberechnungen darf für

$$f_c = f_{cm} = f_{ck} + 8\,[\text{N/mm}^2]$$

eingesetzt werden.

Querschnittsbemessung
Für das Parabel-Rechteck-Diagramm (Abb. 2.2)

gilt für $0 \geq \varepsilon_c \geq \varepsilon_{c2}$

$$\sigma_c = -f_{cd}\left(1 - \left(1 - \frac{\varepsilon_c}{\varepsilon_{c2}}\right)^n\right)$$

$$\text{und für } \varepsilon_{c2} \geq \varepsilon_c \geq \varepsilon_{c2u}$$

$$\sigma_c = -f_{cd}.$$

2.3   Beton nach DIN EN 206-1

Allgemeines

Die europäische Norm EN 206-1 hat den Status einer deutschen Norm. Sie ist mit der nationalen Anwendungsregel zu verwenden. Diese nationale Anwendungsregel ist die DIN 1045-2 vom Juli 2001. In den nachstehenden Abschnitten sind die aus dieser nationalen Anwendungsregel vorgegebenen Änderungen eingebaut. Die Beziehung zwischen den verschiedenen Normen und Richtlinien ergibt sich aus Abb. 2.3.

Begriffe

- *Gesteinskörnung* (alte Bezeichnung: Zuschlag)
  aus natürlichen oder künstlich gebrochenen mineralischen Stoffen. Auch aus Recyclingmaterial.
- *Zement*
  Hydraulisches Bindemittel. Fein gemahlener, anorganischer Stoff. Ergibt mit Wasser gemischt Zementleim, der auch unter Wasser erhärtet und raumbeständig bleibt.
- *Wirksamer Wassergehalt*
  Gesamtwassermenge minus von der Gesteinskörnung aufgenommene Wassermenge im Frischbeton.
- *Wasserzementwert*
  Masseverhältnis der wirksamen Wassermenge zur Zementmenge im Frischbeton.
- *Zusatzmittel*
  Kleine Menge (bezogen auf den Zementgehalt) eines Stoffes, der beim Mischen zugegeben wird.
- *Zusatzstoff*
  Fein verteilter anorganischer Stoff im Beton.
- *äquivalenter Wasserzementwert*
  Massenverhältnis des wirksamen Wassergehalts zur Summe aus dem Zementgehalt und k-fach anrechenbaren Anteil von Zusatzstoffen.
- *Mehlkorngehalt*
  Summe aus Zementgehalt, Zusatzstoffgehalt und dem Kornanteil der Gesteinskörnung bis 0,125 mm.

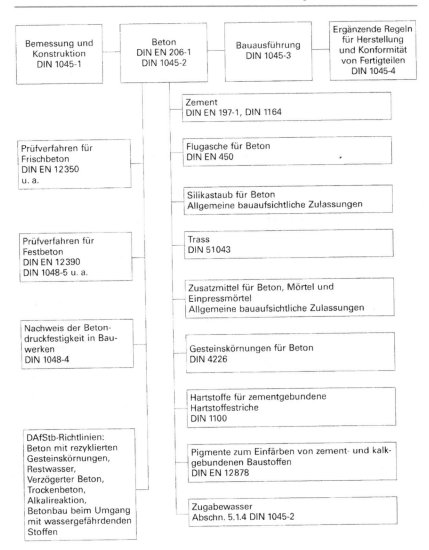

| Bemessung und Konstruktion DIN 1045-1 | Beton DIN EN 206-1 DIN 1045-2 | Bauausführung DIN 1045-3 | Ergänzende Regeln für Herstellung und Konformität von Fertigteilen DIN 1045-4 |

Zement
DIN EN 197-1, DIN 1164

Prüfverfahren für Frischbeton DIN EN 12350 u. a.

Flugasche für Beton
DIN EN 450

Silikastaub für Beton
Allgemeine bauaufsichtliche Zulassungen

Prüfverfahren für Festbeton DIN EN 12390 DIN 1048-5 u. a.

Trass
DIN 51043

Zusatzmittel für Beton, Mörtel und Einpressmörtel
Allgemeine bauaufsichtliche Zulassungen

Nachweis der Betondruckfestigkeit in Bauwerken DIN 1048-4

Gesteinskörnungen für Beton
DIN 4226

Hartstoffe für zementgebundene Hartstoffestriche
DIN 1100

DAfStb-Richtlinien: Beton mit rezyklierten Gesteinskörnungen, Restwasser, Verzögerter Beton, Trockenbeton, Alkalireaktion, Betonbau beim Umgang mit wassergefährdenden Stoffen

Pigmente zum Einfärben von zement- und kalkgebundenen Baustoffen
DIN EN 12878

Zugabewasser
Abschn. 5.1.4 DIN 1045-2

Abb. 2.3 Beziehung zwischen den Normen DIN 206-1 und DIN 1045-2 sowie Richtlinien

- *Beton*
  Durch Mischen von Zement, Gesteinskörnung, Wasser und auch eventuell Zusatzmitteln und Zusatzstoffen erzeugter Baustoff.
- *Frischbeton*
  Fertig gemischter Beton, der noch verarbeitet und verdichtet werden kann.
- *Festbeton*
  Erhärteter Beton mit einer gewissen Festigkeit.
- *Beton nach Eigenschaften*
  Beton, dessen geforderter Eigenschaften und Anforderungen dem Hersteller angegeben sind. Der Hersteller ist für die Einhaltung verantwortlich.
- *Beton nach Zusammensetzung*
  Beton, dessen Zusammensetzung dem Hersteller vorgegeben werden.
- *Standardbeton*
  Beton nach Zusammensetzung nach Norm.
- *Kubikmeter Beton*
  Frischbetonmenge, die nach EN 12530-6 verdichtet, 1 m³ ergibt.
- *Charakteristische Festigkeit*
  Erwarteter Festigkeitswert. 5 % der Grundgesamtheit aller Festigkeitswerte fallen unterhalb dieses Festigkeitswertes.
- *Erstprüfung*
  Prüfung vor Herstellung des Betons, um allen Anforderungen im frischen und im erhärteten Zustand zu überprüfen.
- *Expositionsklasse*
  Klassifizierung der chemisch und physikalisch relevanten Umgebungsbedingungen des Betons oder der Bewehrung.

Ausgangsstoffe
Für die Verwendung der Ausgangstoffe gelten die Bedingungen nach Abb. 2.3.
   Zur deutlichen Unterscheidung von Zementen ist die Farbe des Sackes bzw. bei lose gelieferten Zement die Farbe des Siloheftblattes festgelegt. Ebenso ist die Farbe des Aufdruckes festgelegt. Siehe nachstehend Auflistung:

Festigkeits-klasse	Druckfestigkeit [N/mm²]			Kennfarbe	Farbe des Aufdrucks
	Anfangsfestigkeit		Normfestigkeit		
	2 Tage	7 Tage	28 Tage		
32,5 N	—	≥ 16	≥ 32,5	≤ 52,5	hellbraun	schwarz
32,5 R	≥ 10	—				rot
42,5 N	≥ 10	—	≥ 42,5	≤ 62,5	grün	schwarz
42,5 R	≥ 20	—				rot
52,5 N	≥ 20	—	≥ 52,5	—	rot	schwarz
52,5 R	≥ 30	—				weiß

Anforderungen an den Beton

Betonzusammensetzung
Beton besteht aus

- Zement
- Gesteinskörnung (alt: Zuschlag)
- Wasser
- eventuell Zusatzmittel, Zusatzstoffe.

Die Zusammensetzung soll entsprechend den Anforderungen gewählt und auf die Verarbeitbarkeit abgestimmt werden. Dabei sind folgende Anforderungen einzuhalten:

Betongefüge
Geschlossen, Luftgehalt des Gesteinskorns

$$< 16 \text{ mm} \leq 4 \text{ VOL}\%$$
$$\geq 16 \text{ mm} \leq 3 \text{ VOL}\%$$

Zementart
Entsprechend der Verwendungsart, der Bauteilabmessungen, der Umweltbedingungen des Bauwerkes und der Wärmeentwicklung des Betons im Bauwerk.

Zementgehalt
Für Nennwert des Gesteinskorns ≤ 32 mm nach Tab. 2.6, Tab. 2.7
Max. Wasserzementwert nach Tab. 2.6, Tab. 2.7.

Korngröße des Gesteinkorns
so wählen, dass beim Einbringen des Betons kein Entmischen stattfindet, der maximale Nennwert beträgt:

- 25 % der kleinsten Bauteilabmessung
- lichte Abstand der Bewehrungsstäbe abzüglich 5 mm
- um 30 % vergrößerte Betondeckung der Bewehrung

Chloridgehalt des Betons
Werte der nationalen Norm oder der am Verwendungsort des Betons geltenden Bestimmungen sind einzuhalten.

Tab. 2.6 Grenzwerte für Zusammensetzung und Eigenschaften von Beton

Expositionsklassen	Kein Angriffsrisiko durch Korrosion	Bewehrungskorrosion								
		Durch Karbonatisierung verursachte Korrosion			Durch Chloride verursachte Korrosion					
					Chloride außer aus Meerwasser			Chloride aus Meerwasser		
	X 0[a]	XC 1	XC 2	XC 4	XD 1	XD 2	XD 3	XS 1	XS 2	XS 3
Höchstzulässiger w/z	–	0,75	0,65	0,60	0,55	0,50	0,45	Siehe XD1	Siehe XD2	Siehe XD3
Mindestdruckfestigkeitsklasse[c]	C 8/10	C 16/20	C 20/25	C 25/30	C 30/37[e]	C 35/45[e]	C 35/45[e]			
Mindestzementgehalt[d] in kg/m³	–	240	260	280	300	320[b]	320[b]			
Mindestzementgehalt[d] bei Anrechnung von Zusatzstoffen in kg/m³	–	240	240	270	270	270	270			

[a] Nur für Beton ohne Bewehrung oder eingebettetes Metall

[b] Für massige Bauteile (kleinste Bauteilabmessung 80 cm) gilt der Mindestzementgehalt von 300 kg/m³

[c] Gilt nicht für Leichtbeton

[d] Bei einem Größtkorn der Gesteinskörnung von 63 mm darf der Zementgehalt um 30 kg/m3 reduziert werden. In diesem Fall darf[b] nicht angewendet werden

[e] Bei Verwendung von Luftporenbeton, z. B. aufgrund gleichzeitiger Anforderungen aus der Expositionsklasse XF, eine Festigkeitsklasse niedriger

Tab. 2.7 Grenzwerte für Zusammensetzung und Eigenschaften von Beton

Expositionsklassen	Froslangriff[f]				Betonangriff[f] Aggressive chemische Umgebung			Verschleißangriff[f]		
	XF 1	XF 2	XF 3	XF 4	XA 1	XA 2	XA 3	XM 1	XM 2	XM 3
Höchstzulässiger w/z	0,60	0,55[e]	0,55	0,50[e]	0,60	0,50	0,45	0,55	0,55	0,45
Mindestdruckfestigkeitsklasse[a]	C 25/30	C 25/30	C 25/30	C 30/37	C 25/30	C 35/45[c]	C 35/45[c]	C 30/37[c]	C 30/37[c]	C 35/45[c]
Mindestzementgehalt[b] in kg/m³	280	300	300	320	280	320	320	300[g]	300[g]	320[g]
Mindestzementgehalt[b] bei Anrechnung von Zusatzstoffen in kg/m³	270	[e]	270	[e]	270	270	270	270	270	270
Mindestluftgehalt in %	–	[d]	[d]	[,h]	–	–	–	–	–	–
Andere Anforderungen	Gesteinskörnungen mit Regelanforderungen und zusätzlich Widerstand gegen Frost bzw. Frost und Taumittel (siehe DIN 4226-1)				–	–	[j]	–	Oberflächenbehandlung des Betons[i]	Hartstoffe nach DIN 1100

[a] Siehe Fußnoten in Tab. 2.6

[b] Siehe Fußnoten in Tab. 2.6

[c] Siehe Fußnoten in Tab. 2.6

[d] Der mittlere Luftbehalt im Frischbeton unmittelbar vor dem Einbau muss bei einem Größtkorn der Gesteinskörnung von 8 mm ≥ 5,5 % Volumenanteil 16 mm ≥ 4,5 % Volumenanteil 32 mm > 4,0 % Volumenanteil und 63 mm ≥ 3,5 % Volumenanteil betragen, Einzelwerte dürfen diese Anforderungen um höchsten 0,5 % Volumenanteil unterschreiten

[e] Zusatzstoffe des Typs II dürfen zugesetzt. aber nicht auf den Zementgehalt oder den w/z angerechnet werden

[f] Die Gesteinskörnungen bis 4 mm Größtkorn müssen überwiegend aus Quarz oder aus Stoffen mindestens gleicher Härte bestehen, das gröbere Korn aus Gestein oder künstlichen Stoffen mit hohem Verschleißwiderstand, Die Körner aller Gesteinskörnungen sollen mäßig raue Oberfläche und gedrungene Gestalt haben. Das Gesteinskorngemisch soll möglichst grobkörnig sein

[g] Höchstzementgehalt 360 kg/m³ , jedoch nicht bei hochfesten Betonen

[h] Erdfeuchter Beton mil w/z ≤ 0,40 darf ohne Luftporen hergestellt werden

[i] Z. B. Vakuumieren und Flügelglätten des Betons

[j] Schutzmaßnahmen siehe 5.3.2 von DIN 1045-2

2.4   Stahlbau

Werkstoffe, charakteristische Werte, Walzprofile

Bezeichnungssystem unlegierter Stähle für den Stahlbau
Die Bezeichnung kann auf zwei Arten erfolgen:

a. Nach der Werkstoffnummer gemäß DIN EN 10027-2, z. B. 1.0116
b. Mit dem Kurznamen nach DIN EN 10027-1 (9.92) und DIN V 17006-100:

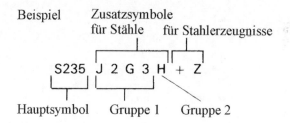

Beispiele für die Bedeutung der Hauptsymbole:

S = Stähle für den allgemeinen Stahlbau, gefolgt von dem Mindeststreckgrenzwert
in N/mm²
B = Betonstähle mit charakteristischem Streckgrenzenwert in N/mm².

Zusatzsymbole der Gruppe 1 zeigt Tab. 2.8 im Auszug.
   Der Angabe der Kerbschlagarbeit folgt gegebenenfalls eine zusätzliche Güte-
kennzeichnung *G*, eventuell mit 1 oder 2 Ziffern, womit die Vergießungsart be-
schrieben wird.
   Zusatzsymbole der Gruppe 2 werden erforderlichenfalls an die Gruppe 1 an-
gehängt.
   Beispiele:

C = mit besonderer Kaltumformbarkeit
H = für Hohlprofile
L = ür niedrige Temperatur
W = wetterfest

Tab. 2.8 Zusatzsymbole Gruppe 1 für Nenndicken $10 < t \leq 150$ mm (Auszug)

Prüftemperatur in C		+20	0	−20	−30	−40	−50	−60
Kerbschlagarbeit, min	27 J	JR	JO	J2	J3	J4	J5	J6
	40 J	KR	KO	K2	K3	K4	K5	K6

Tab. 2.9 Bezeichnung der Stähle, Auswahl

Stähle nach DIN EN	Bezeichnung der Stahlsorten			
	Neu nach		Früher nach	
	EN 10027-1 (9.92)	EN 10027-2 (9.92)	DIN 17100	EN 10025: 1990
10025 (3.94)	S235JR	1.0037	St 37-2	Fe 360 B
	S235JRG1	1.0036	USt 37-2	Fe 360 BFU
	S235JRG2	1.0038	RSt 37-2	Fe 360 BFN
	S235JO	1.0114	St 37-3 U	Fe 360 C
	S235J2G3	1.0116	St 37-3 N	Fe 360 D1
	S275JR	1.0044	St 44-2	Fe 430 B
	S275JO	1.0143	St 44-3 U	Fe 430 C
	S275J2G3	1.0144	St 44-3 N	Fe 430 D1
	S355JO	1.0553	St 52-3 U	Fe 510 C
	S255J2G3	1.0570	St 52-3 N	Fe 510 D1
10155 (8.93)	S235J2W	1.8961	WTSt 37-3	Fe 360 D KI
	S355J2G1W	1.8963	WTSt 52-3	Fe 519 D2 KI
10113-2 (4.93)	S355N	1.0545	StE 355	FeE 355 KGN
	S355NL	1.0546	TStE 355	FeE 355 KTN

Tab. 2.10 Charakteristische Werte für Werkstoffe von Kopf- und Gewindebolzen nach DIN 18800-1 Tab. 4

	Bolzen	Streckgrenze $f_{y,b,k}$ in N/mm^2	Zugfestigkeit $f_{u,b,k}$ in N/mm^2
1	Nach DIN EN ISO 13918, Festigkeitsklasse 4.8	320	400
2	Nach DIN EN ISO 13918 mit der chemischen Zusammensetzung des S235J2G3 nach DIN EN 10025	350	450

Zusatzsymbole für Stahlerzeugnisse siehe Normblätter.

Tabelle 2.9 zeigt eine Auswahl von Stählen mit ihrer früheren Bezeichnung und der neuen Bezeichnung.

Werkstoffkennwerte für Kopf- und Gewindebolzen sind in Tab. 2.10 aufgeführt.

Bei den Bolzen-Werkstoffen S235JR, S235J2G3, S355J2G3 gelten für $f_{y,b,k}$ und $f_{u,b,k}$ die Werte aus Tab. 2.12, Zeilen 1 bis 4; dabei entspricht t dem Bolzendurchmesser d.

Tabelle 2.11 enthält die mechanischen Eigenschaften von Stahlsorten.

Tabelle 2.12 listet charakteristische Werte für Walzstahl und Stahlguss auf.

Tab. 2.11 Mechanische Eigenschaften der Flach- und Langerzeugnisse (für Nenndicken $t < 3$ mm und $t > 00$ mm s. Normblätter, Kerbschlagarbeit s. Norm) Auszug aus DIN EN 10025 (3.94) und DIN EN 10113-2 (4.93)

Stahlsorte Kurzname nach EN 10027-1	Desoxidationsart[a]	Stahlart[b]	Streckgrenze R_{eH} in N/mm², min. für Nenndicken					Zugfestigkeit R_m N/mm²	Bruchdehnung %, min. für Nenndicke		
			≤16	>16 ≤40	>40 ≤63	>63 ≤80	>80 ≤100		≥3 ≤40	>40 ≤63	>63 ≤100
S235JR	Freig.	BS	235	225	–	–	–	340 bis 470	26 (24)	25 (23)	24 (22)
S235JRG2	FN	BS	235	225	215	215	215				
S235J2G3	FF	QS									
S275JR	FN	BS	275	265	255	245	235	410 bis 560	22(20)	21(19)	20 (18)
S275J2G3	FF	QS									
S355J2G3	FF	QS	355	345	335	325	315	490 bis 630			
S355N[c]	GF	QS	355					470 bis 630	22		
S355NL[c]											

[a] FU Unberuhigter Stahl, FN Unberuhigter Stahl nicht zulässig, FF Vollberuhigter Stahl, GF Vollberuhigter Stahl mit ausreichendem Gehalt an Elementen zur Bindung des Stickstoffs und mit feinkörnigem Gefüge

[b] BS Grundstahl, QS Qualitätsstahl

[c] Normalgeglühte/normalisierend gewalzte (N), schweißgeeignete Feinkornbaustähle

Tab. 2.12 Charakteristische Werte für Walzstahl und Stahlguss nach DIN 18800-1 Tab. 1

	Stahl	Erzeugnisdicke	Streckgrenze	Zugfestigkeit	Hertzsche pressung	E-Modul	Schubmodul	Temperaturdehnzahl
		t mm	$f_{y,k}$ N/mm²	$f_{u,k}$ N/mm²	$\sigma_{H,k}$ N/mm²	E N/mm²	G N/mm²	α_T K⁻¹
1	S235	t ≤ 40	240[a]	360[a, b]				
2		40 < t ≤ 100	215					
3	Baustahl S275	t ≤ 40	275	410	800			
4		40 < t ≤ 80	255					
5	S355	t ≤ 40	360[a]	510[a, b]				
6		40 < t ≤ 80	335					
7	S275N u. NL	t ≤ 40	275	370				
8	Feinkornbaustahl	40 < t ≤ 80	255					
9	S355N u. NL	t ≤ 40	360[a]	510[a]	1000			
10		40 < t ≤ 80	355			210000	81000	12 × 10⁻⁶
11	C35+N	t ≤ 16	300	550	950			
12	Vergütungsstahl	16 < t ≤ 100	270	520				
13	C45+N	t ≤ 16	340	620				
14		16 < t ≤ 100	305	580				
15	GS200+N	t ≤ 100	200	380				
16	GS240+N							
17	G17Mn5+QT	t ≤ 50	240	450				
18	G20Mn5+ QT	t ≤ 100	300	500				
	Gußwerkstoffe							
19	GJS400-15		250					
20	GJS400-18-LT	t ≤ 60	230	390		169000	46000	12,5 × 10⁻⁶
21	GJS400-18-RT		250					

[a] Bedingungen für die Verwendung anderer Stahlsorten s. Normblatt!
[b] Zur Auswahl der Stahlgütegruppen s. Tafel 56 bis 58 und [22]

Warmgewalzte schmale I-Träger

I-Reihe nach DIN 1025-1 (5.95)

Bezeichnung eines warmgewalzten I-Trägers aus einem Stahl mit dem Kurznamen S235JR bzw. der Werkstoffnummer 1.0037 nach DIN EN 10025 mit dem Kurzzeichen I360:

I-Profil DIN 1025 − S235JR − I360   oder
I-Profil DIN 1025 − 1.0037 − I360

Kurz-zei-chen[1])	Maße[2]) in mm					[3])	[3])	für Biegung um die[4])					
								y-Achse			z-Achse		
	h	b	$s=r_1$	t	r_2	A	G	I_y	W_y	i_y	I_z	W_z	i_z = min i
I						cm²	kg/m	cm⁴	cm³	cm	cm⁴	cm³	cm
80	80	42	3,9	5,9	2,3	**7,57**	5,94	77,8	**19,5**	3,20	6,29	3,00	**0,91**
100	100	50	4,5	6,8	2,7	**10,6**	8,34	171	**34,2**	4,01	12,2	4,88	**1,07**
120	120	58	5,1	7,7	3,1	**14,2**	11,1	328	**54,7**	4,81	21,5	7,41	**1,23**
140	140	66	5,7	8,6	3,4	**18,2**	14,3	573	**81,9**	5,61	35,2	10,7	**1,40**
160	160	74	6,3	9,5	3,8	**22,8**	17,9	935	**117**	6,40	54,7	14,8	**1,55**
180	180	82	6,9	10,4	4,1	**27,9**	21,9	1450	**161**	7,20	81,3	19,8	**1,71**
200	200	90	7,5	11,3	4,5	**33,4**	26,2	2140	**214**	8,00	117	26,0	**1,87**
220	220	98	8,1	12,2	4,9	**39,5**	31,1	3060	**278**	8,80	162	33,1	**2,02**
240	240	106	8,7	13,1	5,2	**46,1**	36,2	4250	**354**	9,59	221	41,7	**2,20**
260	260	113	9,4	14,1	5,6	**53,3**	41,9	5740	**442**	10,4	288	51,0	**2,32**
280	280	119	10,1	15,2	6,1	**61,0**	47,9	7590	**542**	11,1	364	61,2	**2,45**
300	300	125	10,8	16,2	6,5	**69,0**	54,2	9800	**653**	11,9	451	72,2	**2,56**
320	320	131	11,5	17,3	6,9	77,7	61,0	12510	**782**	12,7	555	84,7	**2,67**
340	340	137	12,2	18,3	7,3	**86,7**	68,0	15700	**923**	13,5	674	98,4	**2,80**
360	360	143	13,0	19,5	7,8	**97,0**	76,1	19610	**1090**	14,2	818	114	**2,90**
380	380	149	13,7	20,5	8,2	107	84,0	24010	1260	15,0	975	131	**3,02**
400	400	155	14,4	21,6	8,6	118	92,4	29210	**1460**	15,7	1160	149	**3,13**
450	450	170	16,2	24,3	9,7	147	115	45850	**2040**	17,7	1730	203	**3,43**
500	500	185	18,0	27,0	10,8	179	141	68740	**2750**	19,6	2480	268	**3,72**
550	550	200	19,0	30,0	11,9	212	166	99180	3610	21,6	3490	349	4,02

Fett gedruckte Profile sind zur bevorzugten Verwendung empfohlen (DStV-Profilliste).

[1]) Kurzzeichen nach DIN ISO 5261.
[2]) Zul. Abweichungen s. DIN EN 10034.
[3]) A Querschnitt, G Masse ($\gamma = 7{,}85$ kg/dm³).
[4]) I Flächenmoment 2. Grades, W elastisches Widerstandsmoment, i Trägkeitshalbmesser, jeweils für die Bezugsachsen y, z.
[5]) S_y = Flächenmoment 1. Grades des halben Querschnitts um die y-Achse. $W_{pl,y} = 2\,S_y$ plastisches Widerstandsmoment für die y-Achse.
[6]) $s_y = I_y/S_y$ = Abstand der Druck- und Zugmittelpunkte.
[7]) S_f = Flächenmoment 1. Grades des Trägerflansches (einschl. Ausrundung) um die y-Achse.
[8]) A_{Steg} = Stegfläche zwischen den Flanschmitten zur näherungsweisen Berechnung der Schubspannung τ infolge Querkraft V_z. Bei kursiv gedruckten Werten ist $A_{Flansch}/A_{Steg} \leq 0{,}6$ und es ist τ erforderlichenfalls genauer nachzuweisen.
[9]) i_{zg} = Trägheitsradius eines Flansches einschl. 1/5 der Stegfläche nach DIN 18800-2, Abschn. 3.3.3.

Werkstoff vorzugsweise aus Stahlsorten nach DIN EN 10025; er ist in der Bezeichnung anzugeben.

Die gewünschte Nennlänge ist bei Bestellung anzugeben. Die Profile werden mit folgenden Grenzabmaßen von der bestellten Länge geliefert:

a) ± 50 mm

oder, auf Vereinbarung

b) $^{+100}_{\ 0}$ mm

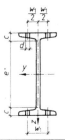

$^{5)}$ $S_y=\frac{1}{2}W_{pl,y}$ cm³	$^{6)}$ s_y cm	$^{7)}$ S_f cm³	$^{8)}$ A_{Steg} cm²	$^{9)}$ i_{zg} cm	$^{10)}$ I_T cm⁴	$^{11)}$ $\dfrac{I_\omega}{1000}$ cm⁶	$^{12)}$ U m²/m	Maße nach DIN 997 in mm Größt-∅ d	Anreiß-maß $^{13)}$ w_1	c	e	Kurz-zeichen I
11,4	6,84	9,65	2,89	1,02	0,869	0,0875	0,304	6,4	22	10,5	59	**80**
19,9	8,57	16,6	4,19	1,21	1,60	0,268	0,370	6,4	28	12,5	75	**100**
31,8	10,3	26,3	5,73	1,39	2,71	0,685	0,439	8,4	32	14	92	**120**
47,7	12,0	39,1	7,49	1,58	4,32	1,54	0,502	11	34	15,5	109	**140**
68,0	13,7	55,5	9,48	1,76	6,57	3,14	0,575	11	40	17,5	125	**160**
93,4	15,5	75,8	11,7	1,95	9,58	5,92	0,640	13⁺)	44	19	142	**180**
125	17,2	101	14,2	2,14	13,5	10,52	0,709	13	48	20,5	159	**200**
162	18,9	130	16,8	2,31	18,6	17,76	0,775	13	52	22	176	**220**
206	20,6	165	19,7	2,51	25,0	28,73	0,844	17 | 13	56	24	192	**240**
257	22,3	205	23,1	2,66	33,5	44,07	0,906	17	60	26	208	**260**
316	24,0	251	26,7	2,81	44,2	64,58	0,966	17	60	27,5	225	**280**
381	25,7	302	30,7	2,94	56,8	91,85	1,03	21 | 17	64	29,5	241	**300**
457	27,4	361	34,8	3,08	72,5	128,8	1,09	21 | 17	70	31	258	**320**
540	29,1	425	39,2	3,22	90,4	176,3	1,15	21	74	33	274	**340**
638	30,7	500	44,3	3,36	115	240,1	1,21	23 | 21	76	35	290	**360**
741	32,4	579	49,3	3,50	141	318,7	1,27	23 | 21	82	37	306	**380**
857	34,1	668	54,5	3,64	170	419,6	1,33	23	86	38,5	323	**400**
1200	38,3	929	69,0	3,99	267	791,1	1,48	25 | 23	94	43,5	363	**450**
1620	42,4	1250	85,1	4,33	402	1403	1,63	28	100	48	404	**500**
2120	46,81	1640	98,8	4,71	544	2389	1,80	28	110	52,5	445	**550**

$^{10})$ Torsionsflächenmoment 2. Grades (St. Venantscher Torsionswiderstand)

$$I_T = 2\left[\frac{1}{3}bt^3\left(1-0,63\frac{t}{b}\right)\right] + \frac{1}{3}(h-2t)\,s^3 + 2\alpha D^4$$

mit D = Durchmesser des zwischen den Rundungen und der Flanschaußenkante einbeschriebenen Kreises und $\alpha = (0,145 + 0,1\ r/t)\cdot s/t$.

$^{11})$ I_ω = Wölbflächenmoment 2. Grades (Wölbwiderstand).
$^{12})$ U = Mantelfläche (Anstrichfläche) für 1 m Stablänge.
$^{13})$ Für Niete und Schrauben von kleinerem als dem Größtdurchmesser können die gleichen Anreißmaße verwendet werden. Bei 2 Werten gilt für HV-Verbindungen der kleinere d.
$^{+})$ Genormte Schrauben für HV-Verbindungen sind hier nicht anwendbar.

Bemerkung   Die Angaben entsprechend den Fußnoten 7 bis 11 sind nicht genormt.

2.5   Holzbau nach DIN 1052

Zulässige Spannungen
Die zulässigen Spannungen für Vollholz hängen von den Holzarten ab (Tab. 2.13).
Auch die zulässigen Spannungen für Brettschichtholz sind vorgegeben
(Tab. 2.14).
Zulässige Druckspannungen bei Kraftrichtung schräg zur Faserrichtung
(Abb. 2.4, Tab. 2.15)

$z\,ul\sigma_{D\angle} = z\,ul\sigma_{D|} - (z\,ul\sigma_{D|} - z\,ul\sigma_{D\perp})\sin\alpha$ können für ausgewählte Holzarten auch Tab. 2.15 entnommen werden. Über zulässige Erhöhungen und erforderliche Ermäßigungen siehe Tab. 2.19.

Überstand $\ddot{u}$ von Trägern und Schwellen bei Druck $\perp$ Faserrichtung. Der Überstand $\ddot{u}$ in Faserrichtung nach Abb. 2.5 muss einseitig und beidseitig betragen:

$\ddot{u} \geq 100$ mm bei $h > 60$ mm
$\ddot{u} \geq 75$ mm bei $h \leq 60$ mm
$a \geq 150$ mm zwischen zwei Druckflächen

$$k_{D\perp} = \sqrt[4]{\frac{150}{l}} \leq 1{,}8\;(l \text{ in mm}).$$

Über zulässige Erhöhungen und erforderliche Ermäßigungen der zulässigen
Druckspannung $\perp$ Faser nach Tab. 2.13 bzw. 2.14, Zeile 5a, mit dem Faktor $k_{D\perp}$
gemäß obiger Gleichung siehe Tab. 2.19.
Für Holzplatten sind die zulässigen Spannungen in Tab. 2.16 aufgeführt.
Tab. 2.17 zeigt die unterschiedlichen Beanspruchungsarten. Bei schrägem Kraftangriff ändern sich die zulässigen Spannungen (Tab. 2.18).

Zulässige Spannungen für Stahlteile

1. Für Bauteile aus Stahl gilt DIN 18800.
2. Bei fehlendem Gütenachweis gilt für gerade Bauteile aus Flach- und Rundstahl im Lastfall H (Hauptlasten) und HZ (Haupt- und Zusatzlasten): zul $\sigma_{B,Z} \leq 110$ MN/m^2, im Kernquerschnitt der Rundstähle: zul $\sigma_Z \leq 100$ MN/m^2.

Zulässige Spannungen für Aluminiumteile nach DIN 4113-1.
Korrosionsschutz für Teile aus Stahl und Aluminium
Für Stahl nach DIN 55928, für Aluminium nach DIN 4113.

Tab. 2.13 Zulässige Spannungen für Vollholz in MN/m² im Lastfall H (Hauptlasten), nach DIN 1052-1/A1: 1996-10, Tab. 5 (Zulässige Erhöhungen und erforderliche Ermäßigungen s. Tab. 2.19, Bei Sparren, Pfetten und Deckenbalken aus Kanthölzern oder Bohlen dürfen in der Regel die zulässigen Spannungen der Sortierklasse S13 nicht angewendet werden)

Zeile	Art der Beanspruchung	Vollholz (Nadelholz)[f] Fichte, Kiefer, Tanne, Lärche, Douglsie, Southern Pine, Western Hemlock, Yellow Cedar Sortierklasse nch DIN 4074-1[a]					Vollholz (Laubhölzer)		
							Eiche Buche Teak Keruing (Yang) Holzartgruppe Mittlere Güte[b] A	Afzelia Merbau Angélique (Basralocus) B	Azobé (Bongossi) Greenheart C
		S7/MS7	S10/MS10	S13	MS13	MS17			
1	Biegung zul σ_B	7	10	13	15	17	11	17	25
2	Zug zul $\sigma_{Z\parallel}$	0[c]	7	9	10	12	10	10	15
3	Zug zul $\sigma_{Z\perp}$	0[c]	0,05	0,05	0,05	0,05	0,05	0,05	0,05
4	Druck zul $\sigma_{D\parallel}$	6	8,5	11	11	12	10	13	20
5a	Druck zul $\sigma_{D\perp}$	2	2	2	2,5	2,5	3	4	8
5b		2,5[d]	2,5[d]	2,5[d]	3[d]	3[d]	4[d]	–	–
6	Abscheren zul τ_α	0,9	0,9	0,9	1	1	1	1,4	2
7	Schub aus Querkraft zul τ_Q	0,9	0,9	0,9	1	1	1	1,4	2
8	Torsion[e] zul τ_T	0	1	1	1	1	1,6	1,6	2

[a] Den Sortierklassen S7, S10 und S13 entsprechen die Güteklassen III, II bzw. I von DIN 4074-2

[b] Mindestens Sortierklasse S10 im Sinne von DIN 4074-1 bzw. Güteklasse II im Sinne von DIN 4074-2

[c] Für MS7 gilt: zul $\sigma_{Z\parallel}$ =4 MN/m², zul $\sigma_{Z\perp}$ =0,05 MN/m²

[d] Bei Anwendung dieser Werte ist mit größeren Eindrückungen zu rechnen, die erforderlichen falls konstruktiv zu berücksichtigen sind. Bei Anschlüssen mit verschiedenen Verbindungsmitteln dürfen diese Werte nicht angewendet werden

[e] Für Kastenquerschnitte sind die Werte nach Zeile 7 einzuhalten

[f] Die botanischen Namen der Nadelhölzer sind in DIN 4076-1 angeführt

Tab. 2.14 Zulässige Spannungen für Brettschichtholz in MN/m² im Lastfall H nach DIN 1052-1/A1: 1996-10, Tab. 16[a]

	Art der Beanspruchung	Brettschichtholz aus Holzarten (Nadelhölzer) der Tab. 2.13, Spalte 2			
		BS11	BS14	BS16	BS18
		Sortierklasse der Lamellen nach DIN 4074-1			
		S 10/MS 10	S13	MS13	MS17
1	Biegung zul σ_B	11	14	16	18
2	Zug $\parallel$ zul $\sigma_{Z\parallel}$	8,5	10,5	11	13
3	Zug $\perp$ zul $\sigma_{Z\perp}$	0,2	0,2	0,2	0,2
4	Druck $\parallel$ zul $\sigma_{D\parallel}$	8,5	11	11,5	13
5a 5b	Druck $\perp$ zul $\sigma_{D\perp}$	2,5 3[b]	2,5 3[b]	2,5 3[b]	2,5 3[b]
6	Abscheren zul τ_α	0,9	0,9	1	1
7	Schub aus Querkraft zul τ_Q	1,2	1,2	1,3	1,3
8	Torsion[c] zul τ_T	1,6	1,6	1,6	1,6

[a] Zulässige Erhöhungen und erforderliche Ermäßigungen s. Tab. 2.19
[b] Bei Anwendung dieser Werte ist mit größeren Eindrückungen zu rechnen, die erforderlichen falls konstruktiv zu berücksichtigen sind. Bei Anschlüssen mit verschiedenen Verbindungsmitteln dürfen diese Werte nicht angewendet werden
[c] Für Kastenquerschnitte sind die Werte nach Zeile 7 einzuhalten

Abb. 2.4 Winkel α zwischen Kraft und Faserrichtung

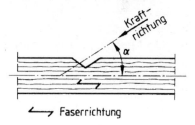

Tab. 2.15 Zulässige Druckspannungen in MN/m² bei schrägem Kraftangriff für ausgewählte Holzarten, Lastfall H

Holzart	α: Winkel zwischen Kraft- und Faserrichtung in°									
	0	10	20	30	40	50	60	70	80	90
Nadelholz, S 10/MS 10	8,5	7,4	6,3	5,2	4,3	3,5	2,9	2,4	2,1	2,0
BS-Holz, BS 11	8,5	7,5	6,4	5,5	4,6	3,9	3,3	2,9	2,6	2,5
BS-Holz, BS 14	11	9,5	8,1	6,8	5,5	4,5	3,6	3,0	2,6	2,5
BS-Holz, BS 16	11,5	9,9	8,4	7,0	5,7	4,6	3,7	3,0	2,6	2,5
BS-Holz, BS 18	13	11,2	9,4	7,8	6,3	5,0	3,9	3,1	2,7	2,5

Abb. 2.5 Belastungs-
anordnung für kurze
Druckflächen

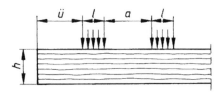

2.6 Mauerwerk

Maßordnung im Hochbau nach DIN 4172 (7.55)

Baunormzahlen (Tab. 2.20) sind die Zahlen für Baurichtmaße und die daraus abgeleiteten Einzel-, Rohbau- und Ausbaumaße. Sie sind anzuwenden, wenn nicht besondere Gründe dies verbieten.

Baurichtmaße sind die theoretischen Grundlagen für die Baumaße der Praxis. Sie sind nötig, um alle Bauteile planmäßig zu verbinden. Kleinmaße sind in Tab. 2.21 aufgeführt, Beispiele für Steinmaße zeigt Tab. 2.22.

Nennmaße sind Maße, welche die Bauten haben sollen. Sie sind bei Bauarten ohne Fugen gleich den Baurichtmaßen. Bei Bauarten mit Fugen ergeben sie sich aus den Baurichtmaßen durch Abzug oder Zuschlag des Fugenanteils.

Fugen und Verband. Bauteile (Mauersteine, Bauplatten usw.) sind so zu bemessen, dass ihre Baurichtmaße im Verband Baunormzahlen sind. Verbandsregeln, Verarbeitungsfugen und Toleranzen sind dabei zu beachten.

Mauersteine

Nach der **Materialart** werden unterschieden:

Mauerziegel	DIN 105-1 und -2 (8.89), -3, -4 und -5 (5.84)
Kalksandsteine	DIN 106-1 (9.80), -2 (11.80)
Porenbetonsteine	DIN 4165 (11.96)
Leichtbetonsteine	DIN 18151 (9.87) und DIN 18152 (4.87)
Normalbetonsteine	DIN 18153 (9.89)

Tab 2.16 Zulässige Spannungen für Holzwerkstoffe in MN/m², Lastfall H nach DIN 1052-1, Tab. 6 (zul. Erhöhungen und erf. Ermäßigungen s. Tab. 2.19)

Zeile	Art der Beanspruchung (PE: Plattenebene)	Bau-Fulnierspenholz nach DIN 68705-3,5[a,b] Zur Faserrichtung der Deckfurniere		Flachpreßplatten nach DIN 68763 Plattennenndicken in mm					
		Parrallel Lagenanzahl 3≥5	Senkrecht 3≥5	Bis 13	>13 bis 20	>20 bis 25	>25 bis 32	>32 bis 40	>40 bis 50
1	Biegung ⊥ PE zul σ_{Bxy}	13	5	4,5	4,0	3,5	3,0	2,5	2,0
2	Biegung in PE zul σ_{Bz}	9	6	3,4	4,0	2,5	2,0	1,6	1,4
3	Zug in PE zul σ_{Zx}	8	4	2,5	2,25	2,0	1,75	1,5	1,25
4	Druck in PE zul σ_{Dx}	8	4	3,0	2,75	2,5	2,25	2,0	1,75
5	Druck ⊥ PE zul σ_{Dz}	3 [4,5]	3 [4,5]	2,5	2,5	2,5	2,0	1,5	
6	Abscheren[c,d] in PE zul τ_{zx}	0,9 [1,2]	0,9 [1,2]		0,4			0,3	
7	Abscheren[d] ⊥ PE zul τ_{yx}	1,8 [3] 3 [4]	1,8 [3] 3 [4]			1,8			1,2
8	Lochleibungsdrucks[e] zul σ_L	8	4				6,0		

[a] Die Werte in [] gelten für Bau-Furniersperrholz aus Buche nach DIN 68705-5. Die übrigen Werte für die zul. Spannungen dürfen nach DIN 68705-5 mit Sicherheitsbeiwert 3 berechnet warden
[b] zul. Spannungen in plattenebene bei schrägem Kraftangriff s. Tab. 2.18
[c] und in Leimfügen
[d] auch für Schub aus Querkraft
[e] für Bolzen und Stabdübel, für $\geqq 5$ lagiges Bau-Furniersperrholz aus Buche nach DIN 68705-5 ist zul $\sigma_L = 2$ zul σ_D

Tab. 2.17 Beanspruchungsarten von Bau-Furniersperrholz der Tab. 2.16

(PE: Platten-ebene)	Biegung ⊥ PE	Biegung in PE	Zug/Druck in PE
1 parallel zur Faser-richtung der Deckfurniere			
2 rechtwinklig zur Faser-richtung der Deckfurniere			

Tab. 2.18 Zulässige Spannungen in Plattenebene bei schrägem Kraftangriff für Bau-Furniersperrholz nach DIN 68705-3 in MN/m², Lastfall H (Zwischenwerte dürfen geradlinig interpoliert werden; zul. Erhöhungen und erf. Ermäßigungen s. Tab. 2.19)

	α: Winkel zwischen Kraft- und Faserrichtung der Deckfurniere in °									
	0	10	20	30	40	50	60	70	80	90
Zul $\sigma_{Z,D}$	8,0	6,0	4,0	2,0	2,0	2,0	2,0	2,7	3,3	4,0

Nach der **Steinart** werden unterschieden:

Mauersteine mit Höhen ≤ 113 mm

   Vollsteine, Lochanteil einschließlich Grifflöcher $\leq 15\%$

   Lochsteine, Lochanteil einschließlich Grifflöcher $> 15\%$

Mauerblöcke mit Höhen > 113, vorwiegend mit 238 mm

   Vollblöcke, Lochanteil einschließlich Grifflöcher $\leq 15\%$

   Vollblöcke mit Schlitzen, Schlitzanteil einschl. Grifflöcher $\leq 10\%$

   Hohlblöcke mit Kammern

   Planblöcke mit Dünnbettvermauerung

Tab. 2.19 Zulässige Erhöhungen und erforderliche Ermäßigungen von zulässigen Spannungen nach DIN 1052-1, 5.1 und 5.2

Zeile	BSH Brettschichtholz	Zul. Spannungen von Voll- und BSH in Tab. 2.13–2.15		Zul. Spannungen von Holzwerkstoffen in Tab. 2.16–2.18	
Erhöhungen		Erhöhung um	Spannungsart	Erhöhung um	Spannungsart
1	*Lastfall HZ*	25%	Alle	25%	Alle
2	*Transportzustand*	50%	Alle	50%	Alle
3	*Montagezustand*	50%	Alle	50%	Alle
4	Waagerechte Stoßlasten nach DIN 1055-3	100%	Alle	100%	Alle
5	Erdbebenlasten nach DIN 4149-1	100%	Alle	100%	Alle
6	Bei *Durchlaufträgern ohne Gelenke* über Innenstützen	10%[a]	zul σ_B		
7	Bei *Rundhölzern* in Bereichen ohne Schwächung der Randzone	20%	zul σ_B / zul $\sigma_{D\|}$		
8	Bei durchlaufenden oder auskragenden *Biegebalken* aus NH und LH, Gr. A, in Bereichen, die mind. 1,50 m vom Stirnende entfernt liegen	Auf 1,2 MN/m²	zul τ_Q		
9	Bei *Druckflächen* ⊥ *Faserrichtung* mit einer Länge *l* in Faserrichtung >150 mm, s. (Abb. 2.5)	$K_{D\|}$[b]	zul $\sigma_{D\|}$[d]		
Ermäßigungen		Ermäßigung um	Spannungsart	Ermäßigung um	Spannungsart
10	Bei genagelten Zugstößen oder -anschlüssen für diejenigen Stoß- und Anschlußteile, die nicht für die 1,5fache anteilige Zugkraft bemessen sind	20%	zul $\sigma_{z\|}$	20%	zul $\sigma_{z\|}$
11	Bei *Druckflächen* ⊥ *Faserrichtung* wenn die Überstände nach Abb. 2.5 unterschritten werden	$k_{D\|} = 0{,}8$	zul $\sigma_{D\|}$		
12	Bei *Bauteilen, die der Witterung allseitig ausgesetzt sind* oder bei denen mit einer Gleichgewichtsfeuchte >18 % zu rechnen ist, nicht bei Gerüsten	1/6[c]	Alle		
13	Bei *Bauteilen u. Gerüsten, die dauernd im wasser stehen*, bei Gerüsten aus Hölzern, die zum Zeitpunkt der Belastung noch nicht halbtrocken sind (DIN 4074)	1/3[c]	Alle		
14	Bei folgenden *Platten, in denen eine Feuchte >18%* über mehrere Wochen zu erwarten ist:				
	Bau-Furniersperrholzplatten BFU 100 G			1/4	Alle
	Flachpreßplatten V 100 G			1/3	Alle

[a] Gilt nicht bei Sparren von Kehlbalkenbindern mit verschieblichen Kehlbalken

[b] Überstand *ü* nach Abb. 2.5 beachten

[c] Gilt nicht für LH, Gr. C, und nicht für Fliegende Bauten mit Schutzanstrich, der in Abständen von höchstens zwei Jahren zu erneuern ist

[d] in Tab. 2.13, 2.14: nur Zeile 5a

Tab. 2.20 Baunormzahlen

Reihen vorzugsweise für								
den Rohbau				Einzelmaße	den Ausbau			
a	b	c	d	e	f	g	h	i
25	$\frac{25}{2}$	$\frac{25}{3}$	$\frac{25}{4}$	$\frac{25}{10} = \frac{5}{2}$	5	2 × 5	4 × 5	5 × 5
				2,5				
			6¼	5	5			
		8⅓		7,5				
				10	10	10		
25	12½		12½	12,5				
		16⅔		15	15			
			18¾	17,5				
				20	20	20	20	
				22,5				
25	25	25	25	25	25			25
				27,5				
			31¼	30	30	30		
		33⅓		32,5				
	37½			35	35			
			37½	37,5				
		41⅔		40	40	40	40	
			43¾	42,5				
				45	45			
				47,5				
50	50	50	50	50	50	50		50

Tab. 2.21 Kleinmaße nach DIN 323 Bl.1 (8.74)

in cm	2,5		2	1,6		1,25		1	
in mm	8	6,3	5	4	3,2	2,5	2	1,6	1,25	1

z. B.	Betonbau	Wanddicke:	Richtmaß = 25 cm	Nennmaß = 25 cm
		Raumbreite:	Richtmaß = 400 cm	Nennmaß = 400 cm
	Mauerwerk	Wanddicke:	Richtmaß = 25 cm	Nennmaß = 24 cm
		Raumbreite:	Richtmaß = 400 cm	Nennmaß = 401 cm

Tab. 2.22 Beispiele von Steinmaßen in cm

	Baurichtmaß	Fuge	Nennmaß
Steinlänge	25	1	24
Steinbreite	25/2	1	11,5
Steinhöhe	25/3	1,23	7,1
	25/4	1,05	5,2

Tab. 2.23 Steinmaße in mm mit vermörtelter Stoßfuge (für einige Steinsorten auch abweichende Maße, u. a. größere Längen)

Länge[a,b]	Breite	Höhe
240	115	52
300	175	71
365	240	113
490	300	175
	365	238

[a] **Steine mit Knirschvermauerung** sind 5 mm länger und haben an den Stirnseiten Mörteltaschen **Steine mit Nut- und Federsystem** (Verzahnung an den Stirnseiten) sind 7 bis 9 mm länger. Die Stoßfugen bleiben unvermörtelt
[b] **Plansteine** für Dünnbettvermauerung sind je 9 mm länger und höher

Steinmaße

Für **Steine mit vermörtelten Stoßfugen** können die Maße der Tab. 2.23 kombiniert werden.

Steinformate werden als Vielfache des Dünnformats angegeben. Beispiele praxisüblicher Formate enthält Tab. 2.24. Die Steinbreite entspricht immer der Wanddicke. Wo Längen und Breiten austauschbar sind, ist dem Kurzzeichen die Steinbreite hinzuzufügen, z. B.:10 DF (240) entspricht dem Steinformat $300 \times 240 \times 238$.

Tabelle 2.25 listet Planungsmaße für Mauerwerk auf. In Tab. 2.26 sind die Rohdichten und Festigkeiten handelsüblicher genormter Mauersteine zu finden.

Tab. 2.24 Format-Kurzzeichen (Beispiele)

Format-Kurzzeichen	Maße in mm bzw		
	l	b	h
1 DF (Dünnformat)	240	115	52
NF (Normalformat)	240	115	71
2 DF	240	115	113
3 DF	240	175	113
4 DF	240	240	113
5 DF	240	300	113
6 DF	240	365	113
8 DF	240	240	238
10 DF	240	300	238
12 DF	240	365	238
15 DF	365	300	238
18 DF	365	365	238
16 DF	490	240	238
20 DF	490	300	238

Tab. 2.25 Planungsmaße für Mauerwerk

Kopf-zahl	Längenmaße in m			Schich-ten	Höhenmaße in m bei Steindicken in mm					
	A	$Ö$	V		52	71	113	155	175	238
1	0,115	0,135	0,125	1	0,0625	0,0833	0,125	0,1666	0,1875	0,250
2	0,240	0,260	0,250	2	0,1250	0,1667	0,250	0,3334	0,3750	0,500
3	0,365	0,385	0,375	3	0,1875	0,2500	0,375	0,5000	0,5625	0,750
4	0,490	0,510	0,500	4	0,2500	0,3333	0,500	0,6666	0,7500	1,000
5	0,615	0,635	0,625	5	0,3125	0,4167	0,625	0,8334	0,9375	1,250
6	0,740	0,760	0,750	6	0,3750	0,5000	0,750	1,0000	1,1250	1,500
7	0,865	0,885	0,875	7	0,4375	0,5833	0,875	1,1666	1,3125	1,750
8	0,990	1,010	1,000	8	0,5000	0,6667	1,000	1,3334	1,5000	2,000
9	1,115	1,135	1,125	9	0,5625	0,7500	1,125	1,5000	1,6875	2,250
10	1,240	1,260	1,250	10	0,6240	0,8333	1,250	1,6666	1,8750	2,500
11	1,365	1,385	1,375	11	0,6875	0,9175	1,375	1,8334	2,0625	2,750
12	1,490	1,510	1,500	12	0,7500	1,0000	1,500	2,0000	2,2500	3,000
13	1,615	1,635	1,625	13	0,8125	1,0833	1,625	2,1666	2,4375	3,250
14	1,740	1,760	1,750	14	0,8750	1,1667	1,750	2,3334	2,6250	3,500
15	1,865	1,885	1,875	15	0,9375	1,2500	1,875	2,5000	2,8125	3,750
16	1,990	2,010	2,000	16	1,0000	1,3333	2,000	2,6666	3,0000	4,000
17	2,115	2,135	2,125	17	1,0625	1,4167	2,125	2,8334	3,1875	4,250
18	2,240	2,260	2,250	18	1,1250	1,5000	2,250	3,0000	3,3750	4,500
19	2,365	2,385	2,375	19	1,1875	1,5833	2,375	3,1666	3,5625	4,750
20	2,490	2,510	2,500	20	1,2500	1,6667	2,500	3,3334	3,7500	5,000

A Außenmaße, $Ö$ Öffnungsmaße, V Vorsprungsmaße

Tab. 2.26 Rohdichten und Festigkeiten handelsüblicher genormter Mauersteine

Steinart	Rohdichte-klasse in kg/dm³	Festigkeitsklasse in N/mm²									
		2	4	6	8	12	20	28	36	48	60
	0,6			×							
	0,7		×	×							
Mauerziegel DIN 105	0,8		×	×	×	×					
Mz Vollziegel	0,9			×	×	×					
HLz Hochlochziegel	1,0			×	×	×	×				
VMz Vormauer- Vollziegel	1,2					×	×				
VHLz Vormauer- Hochlochziegel	1,4					×	×	×			
KMz Vollklinker	1,6					×	×	×			×
KHLz Hochlochklinker	1,8					×	×	×	×	×	×
HLzW Leichthochlochziegel	2,0					×	×	×	×	×	×
	2,2							×			×
	0,7		×	×							
	0,8		×	×							
Kalksandsteine DIN 106	0,9		×	×		×					
KS Vollsteine, Vollblöcke	1,2				×	×	×				
KSL Lochsteine, Hohlblöcke	1,4					×	×				
KS Vm Vormauersteine	1,6					×	×	×			
KS Vb Verblender	1,8					×	×	×	×		
	2,0					×	×	×	×		

Tab. 2.26 (Fortsetzung)

Steinart	Rohdichte-klasse in kg/dm³	Festigkeitsklasse in N/mm²									
		2	4	6	8	12	20	28	36	48	60
Porenbetonsteine DIN 4165 (alte Bezeichnung: Gasbetonsteine)	0,4	×									
	0,5	×									
	0,6		×								
	0,7		×	×							
PB Blocksteine (früher G)	0,8		×	×	×						
PP Plansteine (früher GP)	0,9			×	×						
Leichtbeton-Hohlblöcke DIN 18151 1 K Hbl bis 6 K Hbl nK = Anzahl der Kammern	0,5	×									
	0,6	×									
	0,7	×	×								
	0,8	×	×	×							
	0,9	×	×	×	×						
	1,0	×	×	×	×						
	1,1	×	×	×	×						
	1,2		×	×	×						
	1,4		×	×	×						
Leichtbeton-Vollsteine DIN 18152 V Vollsteine	0,6	×									
	0,7	×	×	×							
	0,8	×	×	×	×						
	0,9	×	×	×	×						
	1,0	×	×	×	×						
	1,2	×	×	×	×						
	14		×	×	×	×					
	1,6			×	×	×					
	2,0			×	×	×					

Tab. 2.26 (Fortsetzung)

Steinart	Rohdichteklasse in kg/dm³	Festigkeitsklasse in N/mm²									
		2	4	6	8	12	20	28	36	48	60
Leichtbeton-Vollblöcke DIN 18152	0,5	×									
	0,6	×									
Vb Vollblöcke	0,7	×	×								
Vbl S Vollblöcke, geschlitzt	0,8		×	×							
Vbl S-W Vollblöcke, geschlitzt	0,9		×	×							
	1,0		×	×	×						
Steine aus Normalbeton DIN 18153	1,2		×								
Hbn Hohlblöcksteine	1,4			×	×						
	1,6			×	×	×					
	1,8			×	×	×					
	2,0			×	×	×					
	2,2			×	×	×					
	2,4			×	×	×					

Was Sie aus diesem Essential mitnehmen können

- Berechnung von Baukonstruktionen
- Lastannahmen, Einwirkungen
- Normen für Beton
- Normen für Stahlbau
- Normen für Holzbau
- Normen für Mauerwerk

© Springer Fachmedien Wiesbaden 2015
B. Schröder, *Berechnung von Baukonstruktionen*, essentials,
DOI 10.1007/978-3-658-08920-7

Literatur

Hering E, Schröder B (2013) Springer Ingenieurtabellen. Springer, Berlin

© Springer Fachmedien Wiesbaden 2015
B. Schröder, *Berechnung von Baukonstruktionen,* essentials,
DOI 10.1007/978-3-658-08920-7

Druck: KN Digital Printforce GmbH · Schockenriedstraße 37 · 70565 Stuttgart